AF589043

DU

CARACTÈRE BISANNUEL

DES CÉRÉALES.

La production d'un hectare de bonne terre
pouvant s'élever à 200 hectolitres de blé,
la France peut nourrir une population de 200 millions d'habitants.

DÉCOUVERTE DU CARACTÈRE BISANNUEL,
CARACTÈRE TYPE DES QUATRE CÉRÉALES D'AUTOMNE,
BLÉ, SEIGLE, ORGE ET AVOINE;

PAR

F. LEV^er D'URCLÉ,

ancien élève de Grignon.

1851

HOMMAGE

A

L'ACADÉMIE DES SCIENCES.

Ce 2 décembre 1850.

PRÉFACE.

Tout dépend du point de vue d'où l'on se place. D'en bas l'on ne voit rien ; à une certaine hauteur, on commence à distinguer ; plus haut, l'on embrasse l'ensemble et les détails, et l'on en saisit l'harmonie; les points obscurs deviennent lumineux, l'horizon recule, s'agrandit, les secrets se dévoilent, la nature s'entr'ouvre ; ses lois prennent un caractère de généralité, qui étonne, ses mesures deviennent gigantesques, ses vues profondes, et le plan de la création apparaît, brillant comme le soleil.

Vous dites que nous avons atteint l'apogée de la civilisation, que déjà la corruption envahit la Société, et, l'histoire en main, vous prouvez, qu'au point où nous en sommes arrivés, une époque de décadence nous attend? Je vous réponds :

C'est à peine, si vous sortez de l'état barbare! La civilisation peut-elle avoir quelque rapport avec la corruption? La vraie intelligence, est-elle celle du bien ou celle du mal? Le seul génie de l'humanité ne consiste-t-il pas à se rapprocher de la Divinité? Si dans l'histoire les monuments témoignent du degré de civilisation, auquel les peuples sont arrivés, le type seul de votre physionomie, monument vivant de votre laideur physique, décèle évidemment votre laideur morale, car la perfection morale est liée à la perfection physique, comme l'âme l'est au corps. La civilisation d'un peuple se mesure-t-elle principalement par la perfection de ses produits matériels, le nombre de mètres de toile ou de draps qu'il tisse dans ses fabriques, et d'hectolitres de grains qu'il livre au commerce, ou bien, par l'élévation de ses idées, la noblesse de ses actes et le degré de son développement dans l'ordre physique, intellectuel et moral ? La civilisation de l'humanité se mesure par le degré d'élévation qu'elle atteint dans sa gravitation vers la Divinité.

Les diverses religions, qui se partagent le globe, qui toutes s'excluent par la différence de leurs dogmes, sont là dites-vous pour témoigner, jusques à quel point l'erreur et la confusion prédominent sur la vérité, qui est une. Je réponds :

Que prouve la multitude des religions, si ce n'est le nombre des aspirations diverses de la créature vers le créateur ? L'intelligence des cultes peut-elle être autrement qu'en harmonie avec l'intelligence des peuples? Toutes les religions, dont la fin est de louer le Créateur, s'harmonisent par l'unité de leur but, et se différencient par la variété de leurs dogmes. Dieu a créé l'homme, mais aussi l'humanité : tous sont des hommes, voilà l'unité ; mais aucun ne se ressemble, voilà la variété.

Une religion s'éteint ; vous êtes effrayés, tout est perdu !

Les lois morales, supérieures par leur essence aux lois physiques, sont-elles, plus que celles-ci, susceptibles de faillir? Peut-on craindre de voir jamais la créature séparée du Créateur? Les liens vivants qui rattachent l'homme à la Divinité ne puisent-ils pas leur vie dans la conception de l'intelligence, le battement du cœur, et jusque dans la moëlle la plus intime des os? Le monde est entraîné par quatre grandes attractions morales, le beau, le bien, le bon et le vrai, et y obéit. Que le soleil, par un beau jour, vienne à éclairer, soit le luxe de la végétation ou l'immensité de la mer, vous dites : quel beau spectacle ! Qu'un élan généreux du cœur porte à arracher votre frère à la misère qui l'attendait, vous dites : quelle belle action ! Qu'une mère veille tendrement à vos premiers pas, ne la remerciez-vous pas, par ces mots : que tu es bonne ! Que l'on émeuve votre cœur ou que l'on éclaire votre intelligence, ne vous écriez-vous pas : que cela est vrai !

Qu'est-ce donc que la Divinité, si ce n'est l'expression la plus parfaite de ces attributs, et du cercle immense le centre, vers lequel toute l'humanité converge. Le culte du beau, du bien, du bon et du vrai, n'est-il donc pas le premier de tous les cultes, lui, qui renferme les germes divins de tous les autres, et qui vous arrache à chaque heure du jour des actes incessants de louanges, d'hommages, d'admiration et d'amour.

Le but de la création est incompréhensible, et la vie, une énigme?

Incompréhensible n'est pas le mot, mais la mesure du plan, dans laquelle le monde est jeté, est tellement immense, que les bornes de la nature humaine ne permettent pas toujours de le bien distinguer. Si vous me parlez du but de la création, ne puis-je pas vous répondre que Dieu, étant par lui-même, ne pouvait que créer des êtres qui n'étaient pas. Être, c'était jouir; créer, c'était donc tirer des êtres du néant, dans le but de les faire jouir. Ne devant rien à qui que ce fut, il devait le faire dans la mesure de sa volonté. Il crée la matière inerte, et la matière est créée: mais il lui refuse le sentiment. Il crée la plante, et la plante s'éveille doucement à la vie; elle n'a pas le sentiment de son existence, mais elle a déjà l'instinct de sa conservation. Il crée l'animal, et l'animal se meut; le sentiment d'existence reste en lui confus, mais celui de la jouissance a grandi. Il semble que le Créateur, dans sa bonté, veuille moins mesurer le don du sentiment de jouissance que celui du sentiment de l'existence. Dans un même ordre, il en crée de plusieurs genres, mesurant toujours le don d'être, selon sa volonté. Tout dans la création s'enchaîne d'anneau en anneau, se fond de nuances en nuances , s'éveille de bienfait en bienfait. Enfin, il crée l'homme, et l'homme se lève, en disant : Je sens et j'existe. Le mal, la souffrance peuvent rendre moins vive la jouissance inhérente à la vie même, mais l'être n'est jamais malheureux ; il peut être moins heureux, mais il l'est toujours, par cela seul qu'il existe, dans la mesure où la somme des jouissances l'emporte sur celle des souffrances ; si la somme des souffrances vient à excéder un instant celle des jouissances, le sentiment de conservation s'éteint, et la vie cesse.

Ne point créer, c'était le vide autour de Dieu ; créer, et créer sans cesse et à l'infini, c'était multiplier à l'infini le don d'être, conséquemment le don de jouir, mais aussi faire naître du même coup le besoin pour la créature d'adresser au Créateur un concert éternel de louanges et d'hommages. Ainsi, soit que j'entrevois le plan de la création, au point de vue de l'Être créateur, ou de l'être créé, de quelle éclatante blancheur est la lumière qui en jaillit !

Vous prétendez encore, et je vous vois venir, que chacun n'a déjà plus une suffisante quantité d'air, de lumière et d'espace pour vivre, que l'excès de la population est la ruine des sociétés, et que le monde est déjà trop peuplé. Je vous répète :

Tout dépend du point de vue d'où l'on se place.

Le monde est aujourd'hui désert... dans le plan de la création, il est visible, pour qui sait y lire que les populations du globe décupleront. Quand Dieu se propose une fin, arrive un jour où les obstacles, mis par les hommes à ses lois, tombent d'eux-mêmes.

Quel est donc l'espace, si petit qu'il soit, où la vie ne pullule pas comme à plaisir? Là où l'imagination ne conçoit plus l'espace, vous découvrez un monde, et vous ne voyez rien de celui-ci. Soit que vous considériez la plante où l'animal, les éléments de reproduction tendent sans cesse à se multiplier comme à l'infini; dans un ordre inférieur au vôtre, tout se meut et s'agite dans la vie; un seul grain destiné à vous nourrir se multiplie pour vous dans des proportions, dont l'amour seul a le secret, et vous ne comprenez pas encore le plan de la création?

Il n'y a donc pour vous que le vide et le silence; mais le silence, c'est la mort, et le mouvement, c'est la vie. Quel pays assez riche pour ne pas vous paraître morne et froid sans le séjour de l'homme? Quel pays assez pauvre pour ne pas vous paraître riche et vivant par le grand nombre de ses habitants? La vie de l'homme n'est-elle pas la dernière expression sur ce globe de la munificence du Créateur, et ne résume-t-elle pas à elle seule toute la joie de la création?

Vous avez considéré dans la famille le trop grand nombre d'enfants comme un signe de sa pauvreté, et l'abondance de la famille, c'est la souveraine richesse. Donnez donc aux entrailles de la mère leur expansion naturelle ; croyez bien, qu'elle n'en aura que plus de bonté et d'amour. Tout le génie de la créature doit tendre à pénétrer plus profondément le plan du Créateur.

Quand du haut de la montagne vous verrez la vallée couverte d'habitations, la terre partagée comme en autant de jardins ; émaillée, non plus seulement de fleurs, mais des mille et mille couleurs des vêtements de ses nombreux habitants ; quand les chants de la famille, mêlés au hennissement du cheval, au bruit du choc des béliers, de la traction des chars, au cri de la pierre déplacée par la fourche ou de l'épi froissé sous la machine, s'élèveront vers vous, croyez alors seulement que la terre commence à se peupler, car la nature ne saurait être muette, et doit vibrer éternellement, en concert de louanges, du mouvement et de la vie de ses habitants.

CHAPITRE I.

DES CIRCONSTANCES QUI M'ONT CONDUIT A LA DÉCOUVERTE DES LOIS DE LA CULTURE DES CÉRÉALES.

Messieurs.

Avant de chercher à me faire pardonner, par l'évidence et la corrélation intime des calculs, des expériences et des faits, la hardiesse du titre que je donne ici à l'exposé d'un mode de culture entièrement nouveau, vous permettrez que je vous initie aux observations qui m'y ont conduit pas à pas, afin que nous puissions arriver ensemble à lever le voile qui a couvert jusqu'ici, les questions fondamentales et essentielles de la culture des céréales.

Lorsque, sondant l'antiquité la plus reculée, nous l'interrogeons dans ses monuments, ses livres et les quelques vestiges de ses procédés agricoles, nous sommes tentés de croire que nous avons laissé les peuples anciens bien loin en arrière de nous, et que des progrès des peuples modernes doit évidemment résulter le droit de donner le nom d'art à ce qui n'a été, dans le principe, qu'un véritable métier.

Quoiqu'il y ait quelque chose d'exact dans cette prétention, il n'en est pas moins remarquable qu'entre la manière dont les anciens cultivaient leurs céréales et la nôtre, il n'y ait aujourd'hui aucun progrès véritablement tranché, dû à un mode de culture supérieur et infiniment plus intelligent.

Une amélioration réelle apportée dans la culture d'une plante a toujours pour effet d'augmenter le volume de sa graine, d'en régulariser le contour et la forme, de donner plus d'éclat et une couleur plus sentie à son écorce, tous indices certains d'un degré plus élevé de santé et de vigueur.

Quelques grains de blé, trouvés dans des tombeaux égyptiens, ont été recueillis; ces grains sont exposés dans une des salles du musée égyptien du Louvre, à Paris. Ils datent de 4,000 ans. Au volume des grains, au rapport de leur longueur à leur grosseur, au dessin de leur contour, à l'épaisseur de leur écorce, il est évident, pour l'observateur attentif, que les Égyptiens ont été aussi avancés que nous, ou, autrement dit, que nous ne sommes guère aujourd'hui plus avancés qu'eux dans le mode de culture des céréales. Quatre mille ans n'auraient donc pas suffi pour améliorer sensiblement la culture de ces plantes, de ces plantes, Messieurs, dont l'antiquité avait fait choix parmi toutes les autres, avec cette sûreté de jugement qui la caractérise, plantes qu'elle nous a léguées, après les avoir mises sous la protection spéciale de Cérès.

Avant d'entrer dans l'examen de faits qui ont échappé jusqu'ici à l'observation de tant d'agronomes, il m'a paru utile de donner ces détails, afin de nous rendre, peut-être, un peu plus modestes, et de nous amener à douter du degré de supériorité, auquel tout peuple, à tout âge, est toujours porté à croire qu'il est incontestablement arrivé.

Sorti de l'école de Grignon en 1837, appuyé d'un côté sur Dombasle, de l'autre sur Thaër, je fis mes premiers essais dans l'art agricole : ils ne me donnèrent pas toujours ce que je me croyais en droit d'en attendre.

Revenu d'idées que je n'avais pas osé taxer, dans le principe, de vagues et de confuses, instruit par l'expérience et ne trouvant rien de suffisamment net et précis dans la solution des questions fondamentales, qui décident du succès et des insuccès en agriculture, je laissai là tout ce que j'avais appris depuis ma sortie du collège, pour m'attacher exclusivement, et avec une passion que je ne saurais dépeindre ici, à l'observation pure et simple des lois de la nature.

Je me mis à l'œuvre, intimement convaincu que j'étais que la nature avait fait de son but un tout si plein, si rempli, si bien coordonné, qu'arriver à jeter une vive lumière sur un point, c'était éclairer du même coup tous les autres.

Réduire l'art agricole à sa plus simple expression, le renfermer momentanément dans la solution des questions fondamentales, telles que celles du labour, des engrais, du choix des plantes à cultiver, de l'assolement, de la nourriture des animaux, de la conservation des grains, le formuler en autant de principes, d'où l'on ne puisse se rapprocher qu'avec bénéfice et s'éloigner qu'avec perte, tel fut le but que je m'efforçai d'atteindre par les plus laborieux efforts, par des essais, tantôt fructueux, tantôt infructueux, par des sacrifices de toute nature. Le temps viendra de dire ce que l'expérience m'a appris sur les questions que j'ai énumérées plus haut, et en quoi mes observations me font différer essentiellement de tant d'idées reçues et professées si hautement; je dois me borner à faire connaître aujourd'hui les lois de la culture des céréales.

Je cultive depuis 1842 des prés défrichés sur la commune du Bois d'Ajeux près Verberie, département de l'Oise. Dans les premières années du défrichement de ces prés, je les ensemençai en avoine; les récoltes furent parfois très-abondantes, mais les inondations de l'Oise, qui les envahissent souvent vers le mois d'avril et s'opposent ainsi à leur ensemencement, me forcèrent à les semer en céréales d'hiver. Il est bon de dire que je n'eus, depuis 1845 jusqu'en 1849, d'autres ressources que ces terres; la nécessité dans laquelle je me suis trouvé de réfléchir sur leur excessive fertilité, est pour moi bien évidemment une des causes, qui m'ont conduit à la découverte des lois de la culture des céréales.

Dans l'hiver de 1846, mon père fit creuser près de ma ferme une espèce de puits, dans l'intention de s'assurer de la quantité d'eau dont il avait besoin, disait-il, pour arroser ses terres, qu'il avait l'intention de convertir en jardin potager. On fut forcé, faute de consistance dans le terrain, d'en évaser la forme. Le rejet de la terre donna lieu tout à l'entour à un tertre de $1^m,50$ environ d'élévation. Au mois d'août 1848, en traversant la pièce de terre, dans laquelle cette espèce de puits avait été pratiqué, je fus arrêté par des touffes de seigle, hautes de $1^m,50$ environ, belles, luisantes, vigoureuses, de soixante à quatre-vingts tiges à la touffe; la base des tiges avait 5 millimètres de diamètre, et les épis de 22 à 25 centimètres de longueur. Elles étaient au nombre de cinquante environ. Je les admirai, les passai une à une en revue; mais après une heure d'examen, ne pouvant arriver à comprendre la cause d'une agglomération si extraordinaire de tiges, je les regardai comme un phénomène, et je passai outre.

Néanmoins, à la suite de la stupéfaction dans laquelle la vue de ces touffes m'avait jeté, je réfléchis une partie de l'hiver sur les causes qui avaient pu produire une si étonnante fécondité; je ne compris encore qu'imparfaitement.

J'avais ensemencé en blé par le procédé ordinaire, dans l'automne de 1848, une partie des prés défrichés, dont j'ai parlé plus haut; au mois d'avril 1849, cette pièce promettait une récolte admirable; vers le commencement de mai, le temps devenant favorable, le blé se colora du vert le plus foncé; quelques jours après, effrayé de la force, de la couleur de la végétation et du serré des tiges, je passai en peu de temps de l'admiration au découragement, mon blé versait en herbe, et commençait à se plaquer. Pendant vingt-quatre heures, je ne sus que faire : coupez-le dans le pied ras terre, disait l'un; gardez-vous-en, disait l'autre, il ne repousserait pas, effanez-le à 0m,15 du sol; prenez le terme moyen, me disait un troisième, fauchez-le seulement à 8 centimètres. Ce dernier avis fut celui que je suivis. Mes blés furent fauchés les 8, 9 et 10 de mai. Sitôt que je fus débarrassé de ce soin, l'idée me vint d'aller examiner le tertre dont il a été question. Quelle fut ma surprise, lorsque je trouvai des touffes de seigle et quelques-unes seulement de blé, d'une beauté extraordinaire, brillantes de vigueur et de santé, serrées à la base, et s'ouvrant en forme de calice ou de corbeille. Rien n'était plus beau, plus satisfaisant pour la forme, plus riche comme végétation, plus souple et plus nerveux que les plants que j'avais sous les yeux. Ces touffes étaient au nombre de cent, et portaient les unes cinquante, soixante, quatre-vingts tiges, quelques-unes cent, une seule cent vingt-huit. Inutile d'ajouter que je ne les regardai pas cette fois comme le produit d'un phénomène, mais bien certainement d'une condition toute particulière, dans laquelle la nature les avait placées.

Il n'y eut pas de jour que je n'allai les examiner; j'y passais des heures entières, je n'ose dire des journées; il fallait que je pénétrasse la cause de cette agglomération si rapprochée de tiges les unes contre les autres; je m'attachai à ces plantes, et je ne les quittai plus.

Vers le mois de juillet, les blés que j'avais fauchés au commencement de mai, après deux jours de fortes pluies, versaient de nouveau. A l'heure même où j'éprouvais cette perte, je courus aux plants dont la nature avait pris soin; mais quelle fut ma joie, lorsque, arrivant encore essoufflé, je vis que les plants se courbaient majestueusement sous les rafales du vent; les racines seules paraissaient obéir à cause de leur flexibilité, mais les pailles des tiges, douées naturellement d'une certaine raideur pour porter l'épi, ne pliaient pas et ne souffraient nullement. Deux jours après l'orage, les touffes avaient repris leur direction perpendiculaire. Nouvel encouragement, nouvelles méditations. Je ne doutai pas un instant qu'il y eut dans ces leçons que la nature me donnait un enseignement des plus précieux, et je m'abandonnai à cette idée que les lois essentielles du développement normal des céréales n'avaient pas été comprises.

Je résolus donc d'appliquer en grand ce que j'avais vu prouver si évidemment en petit, c'est-à-dire la possibilité de renfermer dans un espace donné une bien plus grande quantité de tiges que le procédé ordinaire ne nous permet de le faire. J'entrevis dans ce nouveau mode de culture la solution de plusieurs questions fondamentales que je cherchais depuis longtemps, et je me crus en droit de conclure que les lois du développement normal du blé et du seigle devaient être les mêmes que celles du développement normal de l'avoine et de l'orge, c'est-à-dire des quatre céréales qui paraissent régies par les mêmes principes. J'avais, pour me guider, plus de trente données que j'avais puisées une à une dans l'observation du développement successif des plants depuis les premiers jours du printemps, mais il me manquait celles de l'automne précédent, notamment l'époque des semailles ; néanmoins les résultats étaient tellement surprenants, que je passai outre.

J'ensemençai le plus tôt possible, mais je ne pus le faire avant le 12 octobre. Voici donc les résultats de cette année :

Ce que la nature a fait en petit sous mes yeux, l'expérience prouve jusqu'à la dernière évidence que l'on peut le faire en grand, c'est-à-dire que l'on peut obtenir en plein champ, sur une surface de 10 centimètres carrés, plus de 33 tiges de blé, à des conditions que je développerai tout à l'heure. Dans ce mode de culture, les tiges sont beaucoup plus fortes; leurs feuilles, colorées du vert le plus foncé, peuvent mesurer plus de 3 centimètres de largeur, leurs épis, plus de 20 centimètres de longueur; ils annoncent, ainsi qu'on le voit, une végétation des plus vigoureuses; mais comme j'ai ensemencé beaucoup trop tard, ne connaissant pas la date de l'époque des semailles des plants dont la nature avait pris soin, mes touffes n'ont point eu le temps de remplir l'espace qui les séparait, les épis en sont sortis tardivement, et elles ont été atteintes de la maladie qui envahit d'ordinaire les plantes tardives, c'est-à-dire de la nielle, dont les ravages se sont étendus cette année sur plusieurs contrées.

Des différences très-sensibles se sont fait remarquer dans les atteintes de cette maladie; les plants de blé étaient d'autant plus niellés que le grain avait été confié à la terre plus tardivement, et d'autant moins qu'il l'avait été plus tôt. Une pièce de blé, semée la première, avait presque de la qualité; ce qui prouve évidemment que si j'avais ensemencé à l'époque où les touffes qui m'avaient servi de guides et de premiers jalons l'avaient été elles-mêmes, celles que j'aurais obtenues auraient grossi et mûri comme leurs devancières et leurs modèles. Ainsi donc, ce que j'avais pu examiner dans les leçons que la nature m'avait données en petit, m'avait fait arriver en grand à des résultats pareils. Ce que je n'avais pu voir, je ne l'avais pas deviné ; mais, comme si j'avais besoin d'un troisième enseignement pour fixer toute mon attention, le tertre, dont j'ai parlé plus haut, me présenta encore cette année des touffes d'une grosseur remarquable, de 100 tiges et plus, offrant une maturité parfaite, deux conditions qui manquaient à celles que j'avais produites en plein champ. Il fallait enfin que je comprisse : plusieurs jours de réflexions et de recherches m'ont amené à ce résultat et fourni toutes les données suffisantes, pour que je ne craigne pas d'expliquer aujourd'hui dans tout son ensemble une méthode qui n'est autre que le mode naturel, mais que je crois n'avoir bien comprise que par une combinaison réunie de l'observation la plus tenace, de la nécessité et du hasard.

CHAPITRE II.

PRINCIPES DU MODE NATUREL DE LA CULTURE DES CÉRÉALES.

Lorsqu'on isole chaque grain d'une céréale de manière à observer la forme qu'elle affecte naturellement, on remarque que, quelques jours après sa germination, il sort de terre une petite tige verdâtre, arrondie, pointue à son extrémité, qui se déroule presque aussitôt en forme de feuille; à un centimètre environ au-dessous de la surface du sol, et à la base de la première feuille, il sort une seconde tige qui, après avoir passé par les phases de la première, vient se ranger à côté d'elle, et forme la deuxième feuille; du niveau du sol, et à peu de distance de cette deuxième feuille, il sort, dans les conditions déjà énoncées plus haut, d'abord une troisième, puis une quatrième, puis une cinquième feuille, ainsi de suite, au fur et à mesure que la céréale se développe et grandit. On dit vulgairement que la céréale talle.

Cette tendance à taller et à se multiplier, naturelle au blé, au seigle, à l'orge et à l'avoine, et qui est en quelque sorte l'instinct de la plante, n'a point été suffisamment étudiée ; à plus forte raison, n'a-t-elle point été respectée. Cette tendance à un développement que nous ne connaissons pas aujourd'hui, doit être encouragée, facilitée et portée à son maximum de force par le concours de nos soins et de notre intelligence. Dans ses plans et ses desseins, la nature y a caché un but, en confiant à l'observation de l'homme quelques traces du moyen qu'elle employait pour l'atteindre. Si le plus grand talent consiste à obtenir le plus grand produit du plus petit, la perfection, au point de vue agricole, consistera évidemment à obtenir le plus grand nombre possible de grains d'un seul. Dans le développement de la loi du tallage, la nature a révélé une des expressions parfaites de la puissance, en y imprimant le cachet toujours inimitable, auquel on reconnaît la perfection de ses vues et de ses moyens. C'est pour avoir négligé de l'observer de plus près qu'elle en est encore, depuis des milliers d'années, à nous faire les parts si petites et si maigres, et à réserver si peu d'avantages à la condition de l'agriculteur par les pertes qu'elle veut que nous essuyons toujours, au mépris de ses lois. Voici donc les conséquences de cette loi du tallage, si peu connue et si nouvelle aujourd'hui.

Si l'on sème un grain de blé, par exemple, bien

avant la saison d'automne et à des distances régulières, lorsque la plante est arrivée à présenter un petit bouquet de six à huit talles, et qu'un espace suffisant laissé à son développement lui permet de croître selon l'essence de son organisation, la sève qu'elle envoie à l'extrémité de ses feuilles les fait allonger, et tomber par la loi de la pesanteur du centre à la circonférence ; chaque feuille, obéissant à l'impulsion qu'elle reçoit, on voit la plante prendre petit à petit la forme de calice ou de corbeille. Cette forme n'est pure qu'autant que le vœu de la nature a été religieusement observé. Si deux grains ont crû exactement à côté l'un de l'autre, la forme s'altère; si plusieurs ont été réunis, la forme de calice ou de corbeille se dissimule entièrement. Si, au contraire, elle a été conservée dans toute sa pureté, le tallage continue et prend un développement bien supérieur à celui qui eût eu lieu dans les cas contraires. Chaque jour ou chaque heure, selon la vigueur de la végétation, voit naître de nouvelles tiges. La plante grandit.

Plus le sol est riche, plus sa couche végétale est épaisse, plus celle-ci aura été profondément remuée, plus seront abondants les engrais qu'on lui aura confiés, et *surtout* plus sera long le temps que la plante aura pu mettre à profit pour taller, plus sera remarquable le tallage de la céréale, qui va se multipliant dans des proportions inconnues jusqu'ici.

J'ai dit plus haut que la nature s'était proposée, dans

la tendance qu'elle avait donnée aux céréales de taller, de révéler aux hommes la perfection de ses desseins, en faisant exprimer la plus haute fertilité par le plus grand nombre de grains obtenus du plus petit, conséquemment d'un seul; j'ajoute ici que, pour que son but soit complétement atteint, il faut aussi qu'elle sache renfermer le plus grand nombre de grains dans le plus petit espace possible. Une seule observation sur le rapport des plantes entre elles nous convaincra de l'intelligence de ses lois :

Lorsque deux branches de deux arbres différents viennent à se rapprocher de trop près, elles se nuisent essentiellement et se repoussent; ce que je dis des branches est également vrai des racines; mais si ces deux branches ou ces deux racines appartiennent à une même souche, elles se nourrissent et vivent, avec la plus grande facilité, quelque rapprochées qu'elles soient. Appliquez donc cette loi aux céréales, et vous verrez que plusieurs tiges, provenant de plusieurs grains, s'entravent dans leur développement lorsque ceux-ci ont été semés trop près l'un de l'autre, mais se développent au contraire avec vigueur lorsqu'elles proviennent d'un seul grain, quelque serrées d'ailleurs qu'elles puissent être. *Il faut donc permettre à chaque grain de développer ses tiges, comme on permet à un arbre, par l'espace qu'on lui réserve, de développer ses branches.*

Le grain étant répandu à la volée par le procédé ordinaire, l'expérience prouve qu'il est impossible de récolter plus de 500 épis au mètre carré, soit 3 épis au décimètre carré.

Lorsque la loi du tallage a été facilitée dans son développement, l'histoire et l'expérience nous apprennent que, d'un seul grain isolé, on en a vu sortir plus de 300, 400 et 500 épis. Si l'on a sous les yeux des touffes de 100 tiges, provenant d'un seul grain, on voit facilement que des touffes de 300 et 400 tiges doivent être circonscrites dans des cercles, qui mesureraient 35 et 40 centimètres de diamètre, soit 33 tiges au décimètre carré ; ce serait, à espace égal, onze fois plus que par le procédé ordinaire.

Tels sont les deux avantages si précieux qui résultent du développement du tallage des céréales : le premier de faire sortir un nombre considérable de grains d'un seul; le second, de renfermer ce nombre de grains dans des espaces aussi restreints.

A l'appui de ce que j'avance, il me paraît utile de mentionner ici les résultats que quelques personnes intelligentes avaient obtenus avant moi, et ceux aussi que le hasard a favorisés :

Buchoz, cité par Valmont de Romare, dit avoir vu, dans les mains d'un laboureur de Castelnaudary, une touffe de blé de 117 tiges. (François de Neufchâteau, tome I, p. 14, *Art de multiplier les grains.*)

Hales, physicien anglais, écrivait à Duhamel du Monceaux, qu'en 1720 M. Hallier, ayant semé dans son jardin un grain d'orge, il en eut 154 épis, qui contenaient 3,300 grains. (*Art de multiplier les grains*, par François de Neufchateau, tom. I, p. 10.)

En 1750, un vigneron d'Acou, en Gatinais, obtint 200 épis d'un seul grain d'orge. (François de Neufchateau, déjà cité, tom. I, p. 11.)

En 1705, l'abbé de Vallemont fit paraître à Paris un ouvrage intitulé: *Les Curiosités de la nature et de l'Art sur la végétation*. On y lit, p. 174, que Denys, médecin du roi de France, parvint, par des essais réitérés, à obtenir d'un seul grain plus de 200 épis.

Un grain de froment, qui avait cru par hasard dans une planche d'oignons et qui n'avait eu aucune préparation, avait produit en Angleterre 5,600 grains (*Etat politique de l'Angleterre*, tom. 8, année 1758.)

Les Pères de la doctrine chrétienne de Paris possédaient un bouquet d'orge de 249 tuyaux, tous provenus d'une seule graine, et sur lesquels on comptait 18,000 grains. (L'abbé de Vallemont, *Curiosités de la nature et de l'Art sur la végétation*, p. 187.)

M. Ekleben, intendant des jardins de l'impératrice de Russie, faisait voir, en l'automne 1772, une touffe de blé de 576 épis, dont les plus grands contenaient une centaine de grains. Cette plante, provenue d'un seul grain, en donna 20,000. (*Journal encyclopédique*, juin, 1775.)

Le citoyen Lavergne, médecin à Lamballe, département des Côtes-du-Nord, parvint par des soins réitérés à récolter, en 1788, plusieurs touffes de blé provenant d'un grain, dont plusieurs portaient plus de 180 épis, quelques-unes 200 et quelques-unes d'elles près de 300, une seule 335.

En l'an 2 de la république, le même récolta sur un seul pied de froment 360 épis de la plus grande beauté. (*Art de multiplier les grains*, par François de Neufchateau, tom. I, p. 20 et 26.)

Pline raconte qu'on avait envoyé d'Afrique à Auguste un grain qui avait poussé 400 tiges, et que Néron en avait reçu un sur lequel on en avait compté 560.

Enfin, tout le monde connaît les fameuses expériences de Miller, jardinier anglais, qui, en 1767, était parvenu par la division des rejets à obtenir 576,000 grains d'un seul grain. (*Nouveau Cours complet d'agriculture*, par les membres de la Section d'Agriculture de l'Institut de France, tom. VI, p. 288.)

Je n'ai pas cru, Messieurs, devoir multiplier davantage ces citations, connues depuis si longtemps, et en particulier de vous tous; néanmoins cette agglomération, en apparence si extraordinaire, de tiges provenant d'un grain, a une grande signification pour l'observateur attentif, et aurait dû conduire plutôt, si l'on avait su en bien pénétrer les causes, aux résultats que je vous annonce.

Je crois devoir appeler ici votre attention sur un fait rapporté dans les voyages de Monconys, cité par Vallemont, p. 196, dans son ouvrage, intitulé : *Les Curiosités de la Nature et de l'Art de la végétation* : un Anglais ayant fait couper le blé de son champ en vert, les tiges qui s'élevèrent sur chaque racine donnèrent jusqu'à 100 épis. La possibilité de multiplier ainsi en grand le nombre des tiges par un moyen *tout artificiel* aurait dû conduire à l'idée de voir si l'on ne pourrait pas obtenir de pareils résultats par l'emploi des moyens *tout naturels*.

Le nombre des essais qui furent faits à diverses époques, dans le but d'augmenter la production des céréales, ne laisse pas que d'être considérable.

Parmi les personnes qui émirent quelques idées nouvelles, je citerai le philosophe Wolf, qui dès 1717, reconnut que l'enterrement convenable de la semence et et un plus grand espacement augmentaient notablement la multiplication des tiges.

En 1793, M. Adorne, physicien, demeurant à Strasbourg, fit insérer dans la feuille du *Cultivateur*, du 14 septembre, un article intitulé : Méthode à employer pour obtenir, par la plantation, la multiplication la plus abondante des grains de toute espèce, mais particulièrement, si l'on en fait l'application au froment, au seigle et à l'orge. Entre autres recommandations, il s'exprime ainsi relativement aux semailles : « La se-

« mence sera plantée dans la terre à ce bien préparée, « grain par grain, à trois pouces de profondeur et neuf « pouces de distance les uns des autres. Si l'exécution « de ce plan présente quelque peu de dépense, de soins « ou de travail plus que la routine, on peut s'assurer « que l'on en sera très-amplement dédommagé, d'a- « bord par l'économie des trois quarts de la semence « que l'on emploie ordinairement, mais encore par la « meilleure qualité des grains que l'on recueillera, et « enfin par un produit que l'on peut évaluer au delà « de trois ou quatre récoltes ordinaires. »

Enfin, l'abbé Poncelet, doué d'une constance admirable, sinon de vues supérieures, me paraît être celui qui, conjointement avec M. Adorne, approche le plus de la vérité.

La méthode de l'abbé Poncelet consistait à semer de bonne heure et à couper plusieurs fois les talles, afin d'en faire refluer la sève, et par là d'augmenter le nombre de celles-ci. Il avait soupçonné la nécessité de la régularité de la distance, mais non celle de l'isolement de chaque grain.

« En 1776, j'entrepris, dit-il, de répéter pour la « sixième fois mes observations sur la reproduction « du froment. Conséquemment à ce projet, le 10 août, « je choisis dans plusieurs épis encore sur pied cent « grains, que je plantai par un temps favorable dans « un terrain d'une toise carrée ou environ. Ce ter-

« rain n'avait été amélioré par aucun engrais; au « contraire, il avait été presque épuisé par les légumes « que j'y avais précédemment plantés. (Il résulte de « cette expérience que chaque grain fut distancé de « 0 m. 20 c., puisqu'il en avait planté 100 grains dans « une toise.) Le 10 octobre, pour pouvoir comparer « ma méthode avec la méthode vulgaire, et pour savoir « au juste laquelle produirait davantage, j'ensemençai « une toise carrée de terrain, à côté même du petit « champ où j'avais planté le blé dès le mois d'août; je « l'ensemençai, dis-je, dans une terre bien fumée, « bien préparée, afin que tout l'avantage fût du côté « de l'ancienne méthode, que je suivis de point en « point. »

Sans rendre compte des détails inutiles de cette expérience, je dirai qu'il obtint 59,500 grains dans les 4 mètres carrés qu'il avait ensemencés le 10 octobre. Dans les 4 autres mètres contigus semés dès le mois d'août, le produit n'eut aucun rapport avec celui des quatre premiers carrés. « Quelle différence, dit-il, entre « le produit de l'un et de l'autre! Les épis et les cha- « lumeaux du champ, planté selon ma méthode, étaient « prodigieux dans leurs dimensions; les feuilles avaient « deux pouces de largeur sur deux pieds et demi de « longueur; le chalumeau portait 4 lignes de diamètre « et cinq pieds deux pouces de haut; l'épi avait huit « pouces de long et vingt-sept balles; les plus fortes touffes étaient de 63 chalumeaux. Enfin, l'abbé Pon-« celet recueillit, d'après ses calculs, 396,000 grains. » (*Histoire naturelle du Froment*, publiée en 1779, par l'abbé Poncelet, p. 260 et suivantes.)

D'après le rapport de 59,500 à 396,000, l'abbé Poncelet recueillit près de sept fois autant sur des espaces égaux par sa méthode comparée avec la méthode ordinaire, mais comme la grosseur du grain est dans un rapport toujours exact avec celle de la tige et de l'épi, que ses tiges mesuraient 4 lignes de diamètre et l'épi 8 pouces de long, on est en droit de conclure qu'il récolta réellement non pas près de sept fois, mais bien au moins dix fois plus par sa méthode que par la méthode ancienne.

On sait qu'un épi ne saurait avoir tant de longueur sans porter plus de grosseur.

« J'ai vu, dit-il, p. 295, des années où, au moyen de « ma méthode, la multiplication a été plus loin que « cette année, mais j'ai rendu compte de cette année « 1777, parce qu'elle peut passer pour une année « moyenne. »

On comprend que de pareilles expériences durent avoir de l'écho à l'époque où elles parurent ; beaucoup de cultivateurs se mirent à l'œuvre, mais les procédés de l'abbé Poncelet, fondés sur la nécessité de semer dès le mois d'août, sur celle de faire taller la plante artificiellement par l'emploi de la faux, sur l'idée de mettre à la touffe tantôt un, deux ou trois grains, selon la nature du sol, sans respecter la forme naturelle de la plante, donnèrent parfois de mauvais résultats. Tout fut donc abandonné et remis en question.

Dans les mémoires et observations de la Société économique de Berne, pour l'année 1764, on trouve un mémoire de Saussure, intitulé : *Avantages des semailles hâtives*, et qui est fondé sur des expériences faites depuis 1740 jusqu'en 1768. Plus de vingt années d'épreuves avaient démontré à Théodore de Saussure que le temps le plus propre à semer le froment dans les environs de Genève était ou le commencement ou du moins le milieu du mois d'août. Cette observation, qui est exacte sous notre latitude comme sous celle de Genève, donne cependant de mauvais résultats dans des terrains où la végétation s'avance trop avant l'hiver. On dit vulgairement que le blé s'épousse ; mais, si on met le grain à distances régulières, ce que Saussure n'avait jamais tenté, son observation devient irréfutable, et l'expérience la confirme pleinement.

Le 10 août 1762, l'abbé Poncelet avait semé isolément plusieurs grains de blé qui, dès le 12 septembre, présentaient déjà sept talles. L'hiver de 1762 ayant été très-rude, il craignit beaucoup pour sa petite plantation, qu'il n'alla visiter qu'à la fin de mars 1763. Il trouva les touffes qu'il avait semées de toute beauté. Le blé semé dès le 10 août s'était très-avancé, puisqu'il présentait déjà sept talles le 12 septembre, et l'on voit néanmoins ce développement précoce, qui supporta très-bien un hiver très-rude (*La Nature dans la reproduction des êtres vivants*, par l'abbé Poncelet). Mon expérience personnelle sur des pieds de blé isolés m'a prouvé que le blé semé dès le mois d'août, comparativement à celui semé au mois d'octobre résistait infiniment mieux aux rigueurs de l'hiver.

Lorsque l'on plante du blé, à des distances raisonnées, bien avant cette saison, le blé talle, grandit, s'enracine en terre. N'étant point gêné dans son développement, la plus grande partie des talles passent à l'état de tiges ligneuses, qui durcissent, et paraissent opposer au froid une bien plus grande résistance.

Si l'on vient à chercher une liaison entre les observations ci-dessous :

1° Que le blé semé dès le 10 août à des distances calculées résiste parfaitement à un hiver très-rude, et mieux que celui semé au mois d'octobre ;

2° Que dans le cas où son développement n'est point entravé, faute d'espace, il affecte une forme de calice ou de corbeille, qui paraît lui être propre, retarde sur celui semé à la volée, et semble demander un plus long laps de temps pour végéter ;

3° Qu'il est incontestable que la durée de la végétation augmente la production des grains, perfectionne leur qualité et celle de leur semence ;

4° Que les céréales de mars, quelles qu'elles soient, paraissent délicates, chétives comme des plantes dégénérées, et donnent toujours un faible produit, comparé avec celui de leurs similaires d'hiver.

5° Que le nombre des talles dépend essentiellement de la longueur du temps que la céréale est à même de mettre à profit pour taller ;

6° Qu'en semant dès le mois d'août, la sécheresse qui règne habituellement à cette époque peut très bien ne faire lever le grain que dans le courant de septembre, et plus tard encore.

7° Que le temps des semailles doit nécessairement correspondre avec une époque où la terre est naturellement humide, condition indispensable de la germination des graines.

Si l'on vient, dis-je, à se bien pénétrer de toutes ces observations, on est entraîné à croire que les céréales pourraient bien n'être tout simplement que des plantes *bisannuelles*, dont la culture négligée aurait empêché jusqu'ici de reconnaître le véritable caractère. Oui, messieurs, les quatre céréales connues sous les noms de blé, de seigle, d'orge et d'avoine, ne sont autres que des plantes bisannuelles, et c'est là où j'ai voulu vous amener pas à pas, par une suite de raisonnements, d'observations et de faits qui, petit à petit, préparassent ainsi votre esprit à cette croyance.

En botanique, une annuité, c'est une végétation;

deux annuités, deux végétations : et la science divise les plantes en annuelles et bisannuelles, et il n'existe pas de plantes annuelles et quart, annuelles et tiers, annuelles et demi, selon que l'on sème les céréales au mois d'octobre, au mois de septembre ou au mois d'août. Il faut donc que les céréales soient, d'après le vœu de la nature, au point de vue de la plante cultivée, des plantes annuelles ou bisannuelles. N'étant pas annuelles, puisque dans ce cas elles présentent toujours une diminution notable de vigueur et les caractères d'une plante chétive et dégénérée, d'autant moins qu'elles répugnent à les prendre, puisque l'on sait que l'on ne peut amener qu'après plusieurs années une céréale d'automne à fructifier dans l'année de la semaille, il faut alors nécessairement qu'elles soient bisannuelles.

Les céréales peuvent devenir annuelles, cela est évident, mais elles ne le sont que par dégénération de leur véritable type.

A quoi donc reconnaît-on qu'une plante n'est pas annuelle, mais bien évidemment bisannuelle? c'est lorsqu'elle se refuse à fleurir dans l'année où on la sème, pour le faire dans celle qui suit. Or, les céréales, toutes dégénérées qu'elles sont par cette longue habitude qu'on les a forcées de prendre, et qui les a fait végéter depuis un temps immémorial avec les caractères d'une plante annuelle et quart, dégénérées, parce qu'on les sème plus tard que l'époque indiquée par l'état sauvage de la plante, qui est le commencement d'août, ces céréales, dis-je, sont bien évidemment, franchement et par type, bisannuelles; car, malgré leur dégénération, dès la première fois qu'on les sème au commencement du printemps, elles ne fleurissent pas, tallent pendant tout le restant de l'année, montent et fructifient l'année suivante.

« Dans nos climats du Midi, dit M. de Gasparin, les « plantes provenant de graines tombées sur l'aire où l'on « dépique les gerbes reçoivent pendant les mois de juillet « et d'août une quantité de chaleur suffisante pour les « disposer à la floraison, et cependant elles se bornent « à taller et à faire un gazon épais. » Je pourrais citer plusieurs exemples, notamment celui d'un laboureur du Fayel, près de l'endroit où j'habite, qui, en 1825, croyant semer de l'orge de printemps, sema à cette époque de l'orge d'hiver. L'orge ne monta pas et talla toute la saison; l'année suivante, il en récolta en quantité considérable. Une expérience que je fis dès 1843 pourrait encore être apportée à l'appui de ce fait; mais je préfère de beaucoup trancher de suite la question par un exemple irréfutable, tiré des comptes-rendus de l'Académie des sciences. Ce compte-rendu a pour titre : *Mémoires sur la végétation des céréales sous de hautes températures*, par Guillaume Edwards et Colin.

Dans un tout autre but que celui que nous nous proposons de prouver ici, ainsi qu'on le voit déjà, ces messieurs trièrent 530 des plus grosses graines de blé d'hiver, qu'ils semèrent comparativement avec un même nombre de graines de blé de mars, sans distinction de volume. Au lieu de semer en mars, ils le firent le 23 avril, « afin, disent-ils, que l'influence de la cha- « leur fût plus prononcée. » (C'est ici M. le rapporteur du compte-rendu qui parle; j'attire sur ce point votre attention.) « Les deux variétés levèrent comme de cou- « tume, ne présentant rien de particulier. Elles conti- « nuèrent pendant quelque temps à croître de même; « mais le blé d'hiver ne poursuivit pas son développe- « ment normal; il continua à présenter le même aspect « qu'il avait d'abord, c'est-à-dire qu'il présenta la « forme du premier âge. On sait qu'alors le blé est en « herbe, qu'il n'a, pour ainsi dire, pas de tiges, et que « la plante est presque tout en feuille. C'est ainsi « qu'elle continua à croître, ne présentant que des « touffes de feuilles, les tiges étant trop petites pour « qu'elles parussent. L'accroissement de la plante ne « se bornait pas à l'allongement de la feuille, mais « il consistait aussi dans la multiplication des petites « tiges, où, en d'autres termes, la plante avait *beaucoup* « *tallé*; mais chaque talle était excessivement courte « et cachée sous la touffe des feuilles. *Il n'y eut pas une* « *seule exception dans la végétation de ces 530 graines de blé* « *d'hiver.* »

« Cependant sous les mêmes influences, les graines « de blé de mars parcoururent régulièrement leurs di« verses phases de végétation, poussant rapidement des « tiges droites, et formant ensuite des épis qui mûri« rent à l'époque ordinaire.

« Pour déterminer si les petites graines ne se com« porteraient pas autrement, on en choisit un pareil « nombre, qui pesaient à peu près moitié autant que « les grosses, et qui furent semées en même temps « (23 avril).

« Elles poussèrent d'abord comme les précédentes, « mais ensuite il y eût une différence notable, car un « nombre d'entre elles monta en tige en même temps « que le blé de mars et de la même manière; sur les « 530 petites graines de blé d'hiver, il y en eut 60 qui « poussèrent de hautes tiges et mûrirent. Les 470 au« tres restèrent en herbe comme toutes les grosses « graines d'hiver, semées comparativement.

« Ainsi le volume de la graine est une condition qui « modifie puissamment le développement de la plante « sous l'influence d'une chaleur élevée ; mais il est évi« dent qu'elle n'est pas la seule, et même qu'elle n'est « pas la principale, ce que l'on peut voir par le rapport « du nombre qui est monté en tiges avec celui qui est « resté en herbe.

« Il faut donc qu'il y ait dans le blé de mars des *dif« férences constitutives*, qui permettent à toutes les graines

« de blé de mars de se développer d'une manière nor-
« male dans ces limites de température.

« Ils ont étendu le même genre de recherches *à l'orge* « *et au seigle*, et ils ont obtenu le même résultat. Ainsi « nos principales céréales ne sauraient se développer « sous une température semblable à celle qui a régné « à l'époque de ces expériences. Ces auteurs ont re- « connu que la végétation de nos céréales restées en « herbe, sous l'influence de cette cause, était *très vi-* « *goureuse*.

« Ce que devient le blé d'hiver, semé dans nos climats « sous une température élevée, présente un phénomène « remarquable, et une application utile. Dans le déclin de « la saison, l'herbe finit par périr, mais non la racine. « Comme le froid succède, et ensuite une chaleur dou- « cement graduée, la plante alors se développe d'une « manière normale, monte en tige, et parcourt toutes « ses périodes aux époques déterminées, mais avec cette « différence en faveur de la nouvelle plante, qu'elle est « *plus vigoureuse ;* car, ayant la première année formé « beaucoup de petites talles, elle pousse l'année sui- « vante avec ce surcroît de tiges, et porte une récolte « abondante. On pourrait ainsi se procurer la première « année une récolte de fourrages. On voit comment l'*ac-* « *tion de la chaleur* peut rendre la même plante annuelle « ou bisannuelle, et l'on ne saurait douter que de pa- « reils faits ne se présentent souvent dans la na-

« ture. » (*Comptes rendus de l'Acad. des Sciences*, tom. II, p. 121, 122, 123, 124.

Il est remarquable qu'en voulant démontrer une chose, MM. Guillaume Edwards, Colin, et M. le rapporteur, en aient prouvé une tout opposée, car on détruit leurs conclusions par une seule objection : si une température élevée s'oppose au développement des céréales, pourquoi le blé de mars monte-t-il la première année, et pourquoi le blé d'hiver resté en herbe la première année monte-t-il, sous les mêmes influences de température, la deuxième année? Il est évident que ce n'est pas l'élévation de température, mais bien *la différence de constitution* qui explique la raison de ces deux faits. *Le blé de mars est une dégénération du blé d'hiver, devenu annuel, tandis que le blé d'hiver est naturellement et par type bisannuel.*

Si, même en choisissant les petits grains de blé d'hiver, c'est-à-dire les grains dont le développement à été entravé, dont conséquemment la constitution a dû souffrir, et se rapprocher de la nature dégénérée du blé de mars; si, dis-je, en semant ces petits grains, il n'en monte encore la première année que 11 sur 100, cette expérience démontre jusqu'à la dernière évidence combien le blé d'hiver cherche à maintenir son caractère naturellement bisannuel.

En veut-on une nouvelle preuve? la voici : un caractère essentiel de vigueur dénote toujours le véritable type, or, MM. Edwards et Colin ont constaté que la céréale cultivée avec le caractère bisannuel était *beaucoup plus vigoureuse* ; *donc, le type de la céréale est bisannuel.*

Si les quatre céréales, blé, seigle, orge et avoine sont des plantes naturellement bisannuelles, et qu'on les ait cultivées depuis un temps immémorial, tantôt comme des plantes annuelles et quart, tantôt, en les faisant dégénérer, comme des plantes annuelles, et toujours sans le tracé préalable de leur caractère type ; faut-il aller chercher plus loin la raison de leur chétif développement, de leurs maladies, de leur facilité à verser; et ne suis-je pas en droit de dire que l'on n'en connaît pas le véritable rendement?

Au point où nous en sommes arrivés, et en résumant toutes les observations et toutes les expériences que j'ai cru devoir citer plus haut, il nous sera facile d'indiquer en peu de mots la méthode qui ressort du développement normal des céréales.

CHAPITRE III.

NOUVELLE MÉTHODE BASÉE SUR LE DÉVELOPPEMENT NORMAL DES CÉRÉALES.

1° Les céréales de mars, chez lesquelles la propriété de taller est presque entièrement éteinte par le défaut de vigueur de leur constitution, n'étant que des plantes dégénérées et sorties de leurs similaires d'hiver, devront être abandonnées.

2° La terre dans laquelle on se proposera de semer devra être labourée et fumée soit avant l'hiver, soit au commencement du printemps, pour être ensemencée du 20 avril au 10 de mai, dans l'état actuel de dégénération où les céréales se trouvent aujourd'hui. On avancera l'époque de la semaille d'année en année, car sans cet état de dégénération, elles devraient être semées au commencement de mars.

3° Chaque grain devra être isolé et occuper une superficie de $0^{m},09$ carrés pour le moins, et de $0^{m},25$ pour le plus, superficie qui sera d'autant moindre que le terrain sera moins riche, d'autant plus grande qu'il le sera davantage.

4° La plus grande attention sera apportée au choix de la semence, particulièrement au poids et à la grosseur du grain, l'expérience prouvant que la propriété de taller varie notablement, selon la force de végétation de chaque grain.

5° La terre étant hersée et roulée, on procédera à l'ensemencement de la manière suivante :

Le terrain étant divisé par carrés de vingt ares, au moyen de piquets plantés à cet effet, on tracera avec le rayonneur des lignes parallèles en deux sens, et séparées entre elles par la distance que l'on jugera la plus convenable, soit de 30, 40 ou 50 centimètres. Le champ ressemblera à un véritable damier. Deux femmes étant placées dans chaque carré, l'une d'elles, armée d'une petite bèche recourbée, suivra la première ligne, en ouvrant des trous à toutes les intersections des lignes; en revenant à la deuxième, elle en ouvrira au milieu des interstices des intersections, à la troisième, aux intersections des lignes, etc., de manière à ce que la plantation ait lieu en quinconce. La seconde femme déposera au fur et à mesure de leur ouverture 3 grains de la céréale dans chaque trou, en ayant le plus grand soin que les 3 grains forment les trois angles d'un triangle, dont les côtés mesurent 6 centimètres au moins. Les trous devront avoir 7 centimètres de profondeur sur 10 de large; on couvrira le grain avec la terre du trou. Cette plantation est des plus simples et ressemblera, comme on le voit, à une plantation de pommes de terre ou de haricots. Lorsque la céréale aura atteint de 10 à 15 centimètres de hauteur, on ne laissera végéter qu'un grain à tous endroits plantés, en arrachant le produit des deux autres.

6° Lorsque, plus tard, l'herbe viendra à pointer, on tercera légèrement une ou deux fois, jusqu'à l'époque où les pieds de la céréale, s'ouvrant en forme de corbeille, auront pris assez de force pour étouffer toutes les herbes parasites.

Les terçages terminés, on n'aura plus qu'à abandonner le champ jusqu'à la récolte.

7° Plus le terrain sera riche par lui-même, plus il aura été défoncé et abondamment fumé, plus l'espace nécessaire au développement de la céréale aura été mieux apprécié, plus le tallage sera remarquable.

8° Le nombre de talles, qui formeront autant de tiges la deuxième année, étant en rapport toujours exact avec la fertilité du sol, la céréale*ne versera pas.*

La verse des céréales n'est due qu'à un éxcès de sève, qui n'ayant pu, dans le premier âge de la plante, trouver d'emploi dans le dévveloppement des tailles, faute de temps, parce que l'on sème trop tard, faute d'espace, parce que l'on sème trop dru, vient, dans le dduxième âge, nuire cans la formation des tiges à la consolidation dela céréale. Il est évident que l'on peut arriver à faire verser aussi les céréales, en exagérant le rapprochement des grains, et les forçant par là à s'abstenir de tout développement. C'est, dans ce cas, le trop grand rapprochement et non l'excès de la sève, qui devient la cause principale de la verse ; mais ce second cas se présente très-rarement, et le premier très-fréquemment.

9° Dans la première année la céréale se met par le nombre de ses talles en rapport exact avec la fertilité du sol ; dans la seconde année la corbeille, étant emplie, se resserre, se referme, et monte en affectant la forme ronde d'un faisceau de piques, forme qui est assurément la plus convenable pour résister aux vents et aux pluies, de quelque côté qu'elle en soit assaillie.

CHAPITRE IV.

DE LA PRODUCTION DES CÉRÉALES RENDUES A LEUR MODE NORMAL ET BISANNUEL.

L'abbé Poncelet ne reconnaissait pas l'indispensabilité de la pureté de la corbeille, la nécessité d'augmenter ou de diminuer les espaces nécessaires au développement de la plante, et n'avait jamais soupçonné le caractère type bisannuel des céréales.

Il semait au mois d'août.

Or, si malgré ses erreurs, par *un tallage tout artificiel,* l'abbé Poncelet, dans son expérience de 1777, obtint au maximum jusqu'à 63 talles de plusieurs pieds de blé enfermés de tous côtés dans un espace de 20 centimètres, à plus forte raison, en semant au commencement du printemps, respectant le vœu de la plante dans sa forme, obtiendra-t-on facilement ce maximum *par un tallage tout naturel.*

Donc, si malgré ses fautes l'abbé Poncelet a obtenu 10 fois, et plus dans des années, que par le procédé ancien, à plus forte raison, dis-je, obtiendra-t-on facilement ce rendement de la céréale, en tenant compte de ses instincts, de ses besoins et de son véritable caractère.

Ainsi que le prouve l'expérience de MM. Edwards et Colin, et celle que je fis en 1843, la céréale, semée au printemps, talle avec une vigueur *très-remarquable;* on n'aura donc nulle peine à croire qu'elle puisse présenter dans un laps de temps de deux années, quand la richesse du fonds favorise sa végétation, un développement de 200, 300, 400 et 500 tiges, provenant d'un grain, comme on l'a déjà vu tant de fois.

Les trois plants que j'ai l'honneur de déposer sous vos yeux le prouvent jusqu'à la dernière évidence; comme vous le voyez, Messieurs, il n'est pas plus difficile d'obtenir 200, 300 et 400 tiges d'un grain que 50; il ne s'agit simplement, dans de bonnes conditions, que de *semer plus tôt.*

J'ai, à l'heure où j'écris, plusieurs pieds de blé, nés, par hasard, au haut de mon silo, dans des conditions déplorables, vers le 25 juillet; je les ai transportés dans mon jardin; ils présentent aujourd'hui un développement de 70 à 90 talles; s'ils y étaient nés, ils en présenteraient au moins 130, et s'ils dataient du commencement de mars, peut-être 400.

Si donc, dans une terre riche et abondamment fumée, en semant dès le commencement de mars, après avoir avancé l'époque des semailles, d'année en année, pour rendre à la céréale son caractère vraiment bisannuel, si, dis-je, on laisse un grain par chaque 33 centimètres carrés, on peut récolter, en moyenne, 200 tiges à la touffe, soit 1,800 tiges au mètre carré. Dans une céréale semée au mois d'août à distance comme le constate l'abbé Poncelet, les tiges et les épis sont beaucoup plus longs que dans celle semée au mois d'octobre, à plus forte raison, si la céréale est semée dès le mois de mars, et rendue à son caractère essentiellement bisannuel.

Plus la céréale se rapprochera de son caractère type, plus l'épi sera normalement construit. On sait que l'épillet dans la culture ancienne, peut être plus ou moins rempli, et combien il peut faire varier par là, à longueur égale, le rendement de l'épi. En tenant donc compte de la différence de longueur et de grosseur des épis, et de la régularité avec laquelle l'épillet peut se remplir, les 1,800 épis peuvent équivaloir très-facilement à 3,000 épis d'une récolte ordinaire. Or, comme dans le cas où l'on récolte 30 hectolitres de blé à l'hectare, on obtient 300 épis au mètre carré, on voit qu'avec l'équivalent de 3,000 épis ordinaires, on peut obtenir des récoltes de 300 hectolitres de blé à l'hectare.

Je ne vois pas que l'on puisse atteindre un rendement semblable dès la première année, mais tout donne lieu de croire que sitôt qu'on aura profondément défoncé la couche végétale, qu'on l'aura plusieurs fois vivifiée par l'influence des rayons solaires, et qu'on lui aura confié d'abondants engrais, ces récoltes pourront être obtenues dans les terrains très-riches. Il y a même certaines terres privilégiées qui, sans beaucoup d'engrais, donneront assurément des produits de 300 hectolitres. Je ne dis pas même que ce produit ne puisse pas être dépassé, loin de là ; vous permettrez, Messieurs, que je ne dise pas aujourd'hui le fond ma pensée, que je me réserve l'avenir, en me bornant à rappeler, qu'entre l'erreur et la vérité, il y a toujours une énorme disproportion.

CHAPITRE V.

CONSÉQUENCES DÉDUITES DU MODE NORMAL ET BISANNUEL DES CÉRÉALES AU POINT DE VUE DE L'AVENIR DE LA SOCIÉTÉ.

Si l'on peut obtenir des produits de 300 hectolitres à l'hectare, on ne manquera pas de me demander à quel chiffre s'élèvent les dépenses nécessaires à l'obtention de pareils produits : dans cette culture, qui n'est autre que de l'horticulture véritable, les dépenses peuvent monter au double du taux ordinaire ; on aura donc le tableau suivant (j'ai pris pour base des calculs les terres, plus nombreuses, susceptibles de produire 200 hectolitres et non 300) :

200 hect. à 20 fr.	4,000 fr.
6000 bott. de paille à 10 fr. le cent.	600
Total. . .	4,600
Frais de deux années.	600
Bénéfice net. . .	4,000

Les frais d'une ferme, dans les conditions ordinaires, varient par hectare et par an de 140 à 170 fr. ; ils sont donc de 280 à 340 fr. pour deux ans ; je les ai portés à 600 fr., à cause de l'élévation des frais généraux, notamment de ceux de main-d'œuvre et d'engrais.

On ne manquera pas de m'objecter que le prix du blé baissera considérablement, à cause même de l'élévation de ses produits à de si grandes quantités ; je ne discute pas cette seconde considération, qui a toujours été jusqu'à présent un corollaire de la première ; je la laisse à votre appréciation.

Ce que je dis du blé, je le dis également du seigle, de l'orge et de l'avoine; il y aura une augmentation énorme dans la production de ces céréales de second ordre. Mais les terres médiocres auxquelles on demandera ces récoltes étant très-communes dans tous les pays, et le commerce ne pouvant en absorber la trop grande production, ces céréales seront employées à élever et à engraisser des bestiaux. On sait que l'avoine, à cause de la longueur de sa grappe, donne, à égalité de gerbes, un rendement double de celui du blé; il peut donc s'élever à 400 hectolitres par hectare, c'est-à-dire à 20,000 kil. de grain et à 35,000 kil. de paille. Quelle est donc la plante, est-ce la luzerne, le trèfle, le sainfoin, la pomme de terre, la betterave, qui peuvent lutter par la quantité, et surtout par la qualité bien différente de leurs produits avec ceux de ces céréales? Évidemment, non. Ce sera donc l'économie et le bon marché de ces grains qui amèneront le cultivateur à les employer à l'élevage et à l'engraissement des animaux. On élevera donc un bœuf, un mouton, un porc avec le même soin, que l'on met aujourd'hui à élever un cheval. Or, vous savez tous, Messieurs, que plus est grande la quantité de grain qui entre dans l'élevage des animaux, plus la viande est serrée et de belle qualité, plus l'animal est vigoureux et sain, plus la laine est fine. Où je veux en venir, le voici : A mesure que l'on s'élèvera plus haut dans ce mode de culture, on produira une plus grande quantité et une plus belle qualité, car la vérité est une, et ne se dément jamais.

LE PAIN A BON COMPTE, LA VIANDE A BAS PRIX, tels sont les deux problèmes posés depuis si longtemps aux agriculteurs.

Je me crois en droit de répondre aujourd'hui : Les solutions de ces deux problèmes sont plus que corollaires, elles sont identiques. Le bon marché du pain, de la viande, de la laine, du cuir, la quantité, la qualité de ces céréales et de tous les produits animaux, toutes les solutions de ces problèmes, Messieurs, sont renfermées dans une seule, celle que j'ai l'honneur de vous donner ici.

Considérons maintenant cette découverte à un autre point de vue.

J'ai dit que dans les terres de premier choix, on pouvait espérer, après un laps de quelques années, un rendement possible maximum de 300 hectolitres de blé à l'hectare; j'ajoute ici que ce rendement décroîtra dans un rapport toujours exact avec la richesse intrinsèque du fonds.

Si, dans ces terres, on peut obtenir 200, 300 et plus de talles à la touffe, on n'en obtiendra que 20, 30 ou 40 dans les terres d'une qualité tout-à-fait inférieure; je sais que l'on aura la faculté de rapprocher les touffes, et que l'on croira regagner par le nombre ce que l'on perdra sur la grosseur de chacune d'elles; mais l'expérience prouve qu'il en est tout autrement.

Ce que j'ai dit plus haut relativement aux branches et aux racines, soit qu'elles appartiennent à une souche ou à deux, s'applique ici. Plus on multipliera les points de contact entre les touffes, moins on récoltera : en cela, comme en tout, il y a une distance convenable. Plus il y aura de touffes au mètre carré, plus il y aura de vide.

Mon expérience personnelle m'a prouvé que si le nombre des talles était dû principalement à la durée du temps laissé à la plante pour son développement, il s'influençait considérablement aussi de la richesse naturelle du sol et de l'abondance des engrais dont on l'enrichissait.

Le rendement des céréales, à l'hectare, devant toujours être l'expression de la richesse du sol, il en résultera que, parmi les terres, les unes ne pourront jamais excéder 40 à 50 hectolitres à l'hectare, tandis que les autres atteindront un rendement de 100, 200, quelques-unes de 300 hectolitres. On est donc en droit d'établir le tableau suivant, en prenant pour exemple une récolte de blé, et, pour points de comparaison, les terres susceptibles de donner 200 hectolitres et celles qui ne dépasseront par 40 hectolitres.

TERRES DE CHOIX.

200 hect. de blé à l'hectare à 20 fr.. .	4,000 f.
6,000 bottes de paille à 10 fr. le cent. .	600
Total. . .	4,600
Frais de deux années.	600
Bénéfice net. . .	4,000

TERRES INFÉRIEURES.

40 hectolitres de blé à l'hectare, à 20 fr.	800 f.
1,200 bottes de paille à 10 fr. le cent. .	120
Total. . .	920
Frais de deux années.	600
Bénéfice net. . .	320

Pour une sole de blé de 50 hectares, le bénéfice net dans les terres de choix pourrait donc s'élever à 200,000 fr., tandis qu'il ne saurait être dans les mauvaises, que 16,000 fr.

En négligeant la valeur de la paille, le prix de revient d'un hectolitre de blé, dans les terres de choix, serait donc de 3 francs, tandis qu'il s'élèverait à 15 francs dans les mauvaises. Je demande comment avec de si grandes différences dans le prix de revient, les propriétaires de fonds inférieurs pourront lutter sur les marchés avec ceux des terres riches de première qualité.

Dans la culture ordinaire, où l'on n'a jamais l'expression de la richesse du sol, parce que les bonnes terres versent très souvent, quelquefois même en herbe, et donnent toujours, lors même qu'elles ne versent pas, des produits d'autant plus chétifs que l'excès de sève disposait davantage la céréale à verser, les points extrêmes de la production sont déjà dans le rapport de 1 à 3, souvent réduit à celui de 1 à 2, par l'effet de la verse; cette différence de produit et l'assurance de récoltes plus certaines dans les bonnes terres que dans les mauvaises, rendent déjà misérable la condition des propriétaires de mauvais fonds, au point d'avoir donné lieu à ce proverbe : *Il vaut mieux être fermier de bonnes terres, que propriétaire de mauvaises*; mais si dorénavant la production est l'expression toujours exacte de la richesse du fonds, et que les points extrêmes qui la mesurent soient dans le rapport constant de 1 à 5, je demande de nouveau comment les détenteurs de terrains pauvres pourront rivaliser par le bon marché des produits avec ceux des bonnes terres.

Un hectare de terre de choix pouvant donner 4,000 fr. de revenu tous les deux ans serait susceptible d'être loué 1,700 fr., en laissant au fermier une marge de 300 fr. par hectare et par an ; je demande quelle serait alors la valeur du capital de cette terre ; à 5 p. 100, elle serait de 34,000 fr., à 3 p. 100, de 56,000 fr., laquelle se paye aujourd'hui 2,000 fr.

On m'objectera évidemment que les céréales baisseront considérablement de prix, ce qui fera baisser d'autant le chiffre, auquel j'avais élevé le fermage et le capital des terres de première qualité ; que la proportion qui augmentera le produit des bonnes terres élèvera dans le même rapport celui des mauvaises : second point de vue complètement faux. Néanmoins, raisonnons dans ces deux hypothèses et calculons, en supposant le rendement quintuplé dans les deux cas, et le prix de l'hectolitre réduit à moitié de son taux ordinaire.

BONNES TERRES.

Terres donnant 30 hectolitres à l'hectare :

Rendement quintuplé : 150 hect. à 10 fr.	1,500 f.
4,500 bottes de paille à 5 fr. le 100. . .	225
Total. . . .	1,725
Frais de deux années.	600
Bénéfice net. . . .	1,125

MAUVAISES TERRES.

Terres donnant 10 hectolitres à l'hectare :	
Rendement quintuplé : 50 hect. à 10 fr. .	500 f.
1,500 bottes de paille à 5 fr. le 100. . .	75
Total. . . .	575
Frais de deux années.	600
Perte. . . .	25

Que l'on cultive les quatre céréales soit pour leur vente, soit pour les employer à l'élevage ou à l'engraissement des animaux, les produits en seront toujours relatifs à la richesse du fonds ; ici, ils seront médiocres, là, ils seront abondants. Leur prix de revient variera comme celui du blé. Si on les convertit en viande, il en sera nécessairement du kilogramme de viande ce que j'ai dit de l'hectolitre de blé ; ici, il reviendra à 0 fr. 20 c., là, à 1 fr.

Soit donc que l'on raisonne à un point de vue ou à une autre, les chiffres vous amènent, dans les deux cas, à voir clairement que tout l'avantage restera toujours aux bonnes terres, non-seulement au détriment des mauvaises, mais au point d'en annuler presque toute la valeur.

Viendra donc une époque où ces terres n'auront pour toute ressource que celle d'être reboisées, comme elles l'étaient au moyen-âge.

Ces différences prodigieuses dans le prix de revient, soit que l'on vende directement les céréales, ou qu'on les convertisse en viande, en créant dès aujourd'hui des positions si inégales, ne s'éteindront dans l'avenir que par la révolution la plus complète de toutes les valeurs territoriales, en changeant toutes les bases et du fermage et du capital des terres. Les mauvaises terres deviendront une cause certaine de ruine, et par contre, partout où l'on trouvera un fonds véritablement riche, ce sera une véritable Californie. Vous savez tous, Messieurs, où nous en sommes aujourd'hui pour l'appréciation des terres : ce qui est classé en quatrième classe dans un département, est en première classe dans un autre. On ne reconnaît aujourd'hui que 5 à 6 classes, et il y en a plus de 20.

Le rendement maximum de l'hectare en France est aujourd'hui pour le blé de 30 hectolitres, et le rendement moyen de 14 hectolitres; si le rendement maximum est plus tard de 200 hectolitres, et le rendement moyen dans le même rapport, c'est-à-dire de 73 hectolitres, la France pourra un jour nourrir une population de plus de 200 millions d'habitants; c'est ce que j'ai annoncé dans le titre que j'ai cru devoir donner à ce mémoire. Je n'ai reconnu le caractère bisannuel des céréales que cette année, et trop tard pour pouvoir semer dès le mois d'avril; j'ai hâté mon ensemencement le plus qu'il m'a été possible, mais je n'ai pu le faire que du 26 août au

15 septembre. Ce n'est donc qu'au mois d'avril 1851 que j'ensemencerai sur 30 hectares du blé, que je ne pourrai récolter qu'au mois d'août 1852. Les résultats obtenus, il eût fallu donner le temps de les vérifier et de les constater sur d'autres terres, ce qui nous eût amené au mois d'août 1854; c'était donc remettre à 1854, ce qui pouvait être parfaitement constaté dès 1852. J'ai préféré donner dès aujourd'hui toutes les données et toutes les bases suffisantes pour que chacun puisse se rendre compte de la valeur d'une découverte, dont les conséquences seront si majeures pour l'avenir des sociétés modernes.

J'ai conservé dans mon cabinet des échantillons des touffes de seigle et de blé, dont la nature seule a pris soin en 1849 et 1850; j'ai également dans mon jardin plusieurs touffes de blé et de seigle nés par hasard vers le 25 juillet de cette année, et sur lesquelles on se rendra parfaitement compte du développement de la plante et de sa forme normale dans son premier âge; je me ferai un véritable plaisir de montrer tous ces documents à toutes les personnes qu'ils pourront intéresser, comme de leur expliquer tous les essais, toutes les expériences que j'ai faits depuis dix ans, qui m'ont amené pas à pas, après les plus laborieux efforts et le travail le plus opiniâtre, aux idées que je ne crains pas d'émettre aujourd'hui.

C'est donc avec la plus entière confiance que je fais appel à l'Académie des Sciences, à la Société nationale et centrale d'agriculture de Paris et à toutes les Sociétés d'agriculture de France, afin que les membres si compétents qu'elles renferment puissent se mettre en mesure, chacun de leur côté, de constater la valeur d'une découverte, qui changera l'aspect du globe entier, en apportant des bases aussi larges au bien-être et à l'accroissement de ses populations.

TABLE DES MATIÈRES.

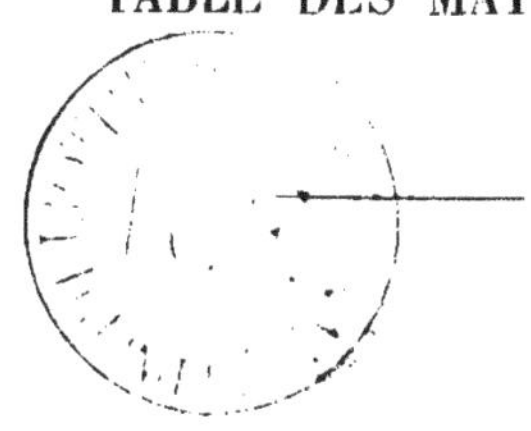

Imp. Bénard et Cie., 2, rue Damiette.

www.ingramcontent.com/pod-product-compliance
Ingram Content Group UK Ltd.
Pitfield, Milton Keynes, MK11 3LW, UK
UKHW021648260726
13994UKWH00003B/1340

9 782329 497983